L'EUCALYPTUS

ET

SES DÉRIVÉS

PAUL COMBES

L'EUCALYPTUS

ET

SES DÉRIVÉS

avec Dessins de E. de BERGEVIN

PRÉFACE de M. CHARLES NAUDIN
Membre de l'Institut (Académie des Sciences)
Directeur du Laboratoire de l'Enseignement Supérieur de la villa Thuret
A Antibes (Alpes-Maritimes)

PARIS
CHARLES MENDEL, ÉDITEUR,
118 et 118 *bis*, RUE D'ASSAS

PRÉFACE

Voici un opuscule qui vient bien à son heure pour réveiller l'attention du public sur l'importance des plantations d'Eucalyptus, qu'on semblait avoir oubliées depuis quelques années. Produire des bois de construction de toutes grandeurs et des combustibles dans le moins de temps possible, est un des principaux desiderata *de notre empire colonial, devenu si vaste aujourd'hui.*

Il y a autre chose encore à attendre des plantations d'Eucalyptus : c'est, en première ligne, l'assainissement des localités marécageuses, foyers de fièvres meurtrières et qui ont si souvent découragé les tentatives de colonisation; c'est ensuite l'exploitation industrielle des produits secondaires des Eucalyptus, matières tannantes, gommes-résines, essences de diverses sortes, médicaments, etc., dont le présent travail nous donne une liste abrégée, mais suffisante pour encourager de nouvelles recherches et faire espérer de nouveaux emplois.

On connaît trop aujourd'hui les multiples et funestes conséquences des déboisements inconsidérés pour ne pas réagir contre un abus qui a duré trop longtemps et dont notre Algérie et nos départements méditerranéens nous offrent les plus tristes preuves. Et que dirions-nous de l'Espagne, alternativement désolée par des sécheresses excessives et des inondations formidables, pour avoir dégarni ses montagnes des forêts qui la protégeaient contre ces deux fléaux? Nous commençons à comprendre, en France, combien il est urgent de réparer le mal que nous ont fait nos aïeux et auquel la génération présente a aussi contribué, et c'est pour y parvenir qu'il s'est fondé, depuis peu d'années, dans le département des Alpes-Maritimes, une Société des Amis des Arbres, *sur le modèle de l'*Arbor day *des Américains. Son but est de faire renaître, autant qu'il est possible aujourd'hui, les forêts qui recouvraient jadis les pentes actuellement dénudées de nos Alpes; et de remédier, s'il en est encore temps, à la dépopulation des plaines voisines, d'où les cultivateurs sont chassés par une misère croissante. C'est une noble tâche, à laquelle tous les bons citoyens sont invités à concourir, et beaucoup le font avec empressement.*

Le rôle des Eucalyptus dans nos reboisements sur le sol français, est limité par le climat à ce qu'on appelle la région de l'olivier, mais combien il peut devenir grand de l'autre côté de la Méditerranée, jusque dans le Sahara, jusqu'à Tombouctou ! Il ne sera peut-être pas moindre au Tonkin, et surtout en Nouvelle-Calédonie, où le climat, analogue à celui de l'Australie, qui n'en est pas éloignée, semble promettre les plus grands succès à la naturalisation de ces arbres superbes.

CHARLES NAUDIN.

L'Eucalyptus globulus.

INTRODUCTION

Il n'est personne qui ne connaisse, au moins par ouï-dire, les nombreuses qualités et les merveilleuses propriétés de l'*Eucalyptus*, ce bel arbre australien, découvert seulement au commencement de ce siècle, et qui, dans les dernières trente années, a été rapidement acclimaté sur le littoral méditerranéen de la France, en Algérie, dans les Colonies, et dans maintes autres contrées.

Dans son pays d'origine, ce *Diamant des forêts,* comme l'ont appelé les Anglais, justifie pleinement ce nom, en raison des innombrables emplois que l'on fait, sur la plus vaste échelle, de ses divers produits : bois, écorce, liber, feuilles, résine, essence, etc.

Suivant les espèces, en effet, son bois se plie à toutes les utilisations : par ses grandes dimensions, sa solidité et son inaltérabilité, il est hors ligne pour les travaux maritimes et les constructions navales; dans la maison australienne, il prend toutes les formes: dans la charpente et les parquets, dans les meubles, même de luxe, affectant l'apparence du plus bel acajou,dans le charronnage et la tonnellerie, on retrouve partout et toujours l'*Eucalyptus*.

Son écorce fibreuse est convertie en papier grossier et en carton, à moins que, vu sa richesse en tannin, on ne l'applique au tannage des peaux, auxquelles elle communique une odeur caractéristique qui en éloigne les insectes. Cette odeur suave, industriellement utilisée, permettrait la fabrication d'articles susceptibles de concurrencer ceux en cuir dit de Russie, par corruption de *cuir de roussi*, cuir tanné au sumac.

Ses feuilles, — en décoction — sont, pour la mère de famille australienne, une panacée d'une efficacité éprouvée, — non seulement pour remplacer avec avantage la quinine contre les fièvres intermittentes, — mais contre les affections des voies respiratoires, les névralgies, etc., etc.

Les feuilles d'*Eucalyptus*, séchées à l'ombre, brûlent lentement comme celles du tabac. On en fait des cigarettes très efficaces comme moyen préventif et même curatif des douleurs de gorge, des oppressions, de l'asthme, etc.

La résine trouve dans l'industrie et la teinture une multitude d'applications.

Enfin, l'essence, obtenue par la distillation des feuilles et des ramilles, outre son usage comme principe actif thérapeutique de l'*Eucalyptus*, est employée comme un des meilleurs dissolvants connus pour les résines, le camphre, le mastic, etc.

Elle est employée avec succès comme insecticide, notamment dans les injections souterraines faites au pied des ceps de vigne pour la destruction du phylloxéra, et, d'après un renseignement particulier qui nous est fourni par M. Ch. Naudin, contre la *loque* des ruches.

Les avantages sans nombre que l'on peut retirer de l'*Eucalyptus* n'ont pas tardé à être également appréciés hors de l'Australie. Dans l'Inde, cette patrie du teck, on l'utilise de préférence à ce dernier pour les traverses de chemins de fer et les constructions navales. En Angleterre, les bois durs d'*Eucalyptus* sont largement employés au pavage des voies publiques. En Portugal, l'écorce est utilisée pour le tannage des peaux. Dans ce dernier pays, de même qu'en Espagne, dans l'Amérique du Sud, — et dans une certaine mesure, en Algérie et en Corse — les feuilles, soit en décoction, soit distillées, sont employées avec succès, d'une manière courante, dans le traitement des fièvres intermittentes et d'autres affections.

En un mot, à peu près partout, les précieuses qualités des *Eucalyptus* ont été plus ou moins largement utilisées dès qu'elles ont été connues.

En France, au contraire, malgré les nombreux travaux que des savants, des agronomes, des chimistes et des médecins ont consacrés aux *Eucalyptus* et à leurs produits, pour attirer l'attention publique sur les multiples avantages qu'ils présentent, — il ne semble pas que ces efforts aient été couronnés du même succès. Seule, la médecine spéciale, sous forme de sirops, pilules, cachets, injections, bonbons même, emploie l'*Eucalyptol* comme médication énergique pour le traitement des affections les plus rebelles.

L'arbre, acclimaté en Provence depuis 1860, est, je le répète, bien connu, ainsi que ses propriétés. En Algérie, à proximité de nos ports, c'est par millions que l'on compte aujourd'hui les *Eucalyptus* dans des forêts toujours grandissantes. Et cependant, à peine si quelques timides essais ont été faits pour en tirer parti, ne fût-ce que comme bois de chauffage, et pour éviter l'épuisement des réserves forestières de la métropole. M. Ch. Naudin nous signale que l'*Eucalyptus* est une essence des plus importantes pour la fabrication du charbon de bois, qu'on tire actuellement d'Italie. Il y aurait là une grosse économie à faire.

Cette indifférence apparente nous porte à croire que la valeur réelle de l'*Eucalyptus*, exposée dans des ouvrages ou des recueils trop spéciaux, n'est pas suffisamment parvenue à la connaissance du public, ou ne lui a pas été démontrée d'une façon suffisamment convaincante.

Il en résulte pour notre pays une perte réelle, car cette négligence laisse inexploitée, tant en Algérie, qu'en Corse et dans le midi de la France, une source de richesse d'une réelle importance.

C'est pour réagir contre ce regrettable état de choses que nous avons entrepris d'exposer dans ces pages, en nous appuyant sur des autorités indiscutables, ce qu'est réellement l'*Eucalyptus*, et tout le parti que l'on peut tirer en France de cet arbre, — par l'exemple de celui qu'on en tire en Australie et dans d'autres pays.

Il ne s'agit donc pas ici d'un ouvrage de botanique. Pour ce point de vue particulier, nous ne saurions mieux faire que de renvoyer le lecteur aux savants Mémoires publiés par M. Ch. Naudin : *Les Eucalyptus introduits dans la région méditerranéenne* (1883), et *Description et Emploi des Eucalyptus introduits en Europe, principalement en France et en Algérie* (1891).

A seule fin d'être complets, nous ferons précéder notre exposé d'un aperçu historique sur la découverte de l'*Eucalyptus*, son introduction, son acclimatation et sa culture en Europe,en Algérie et sur d'autres points du globe.

Puis nous étudierons successivement :

1° Les utilisations diverses dont le bois d'*Eucalyptus* est susceptible, suivant les différentes espèces ;

2° Les utilisations de l'écorce, des ramilles et des feuilles, soit pour la tannerie, soit pour la sparterie, etc.

3° Les utilisations des résines dans diverses industries.

4° Les utilisations hygiéniques et thérapeutiques des feuilles et de leur principe actif, l'*Eucalyptol*.

5° Les nouvelles découvertes qui permettent, en transformant en ouate les fibres corticales, les ramilles et les feuilles de l'*Eucalyptus*, de fabriquer des tissus participant à toutes les propriétés hygiéniques et thérapeutiques que donnent à cet arbre sa résine, ses huiles essentielles, ses essences diverses et son tannin.

Cette étude documentée convaincra, nous n'en doutons pas, toutes les personnes qui la liront attentivement et sans parti pris. Nous souhaitons qu'elle suscite en France des initiatives qui mettent notre pays à même de profiter, comme tant d'autres, des bienfaits inappréciables d'un arbre que M. Planchon ne craint pas d'appeler « l'importation *la plus utile* peut-être de notre siècle en fait d'arbres exotiques de grande culture. »

Aspect de la première feuillaison de l'*Eucalyptus globulus*.

CHAPITRE PREMIER

Historique

La flore forestière de l'Australie et des îles avoisinantes, extrêmement riche en Myrtacées, est constituée pour près des quatre-vingt-dix-neuf centièmes, par un genre de cette famille auquel L'Héritier, à la fin du

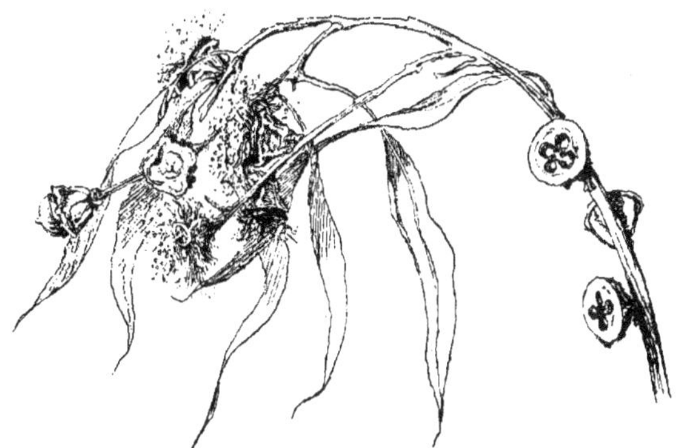

Rameau d'*Eucalyptus globulus*. Boutons, Fleurs et Fruits.

siècle dernier, donna le nom d'*Eucalyptus* (en grec, *bien couvert*), à cause de la forme particulière de ses boutons floraux. En effet, ceux-ci ont toute l'apparence d'une petite boîte cylindro-ovoïde, hermétiquement fermée par un couvercle cupuliforme. Cette boîte renferme un nombre considérable d'étamines qui, par leur développement, soulèvent le couvercle qui les protége. Celui-ci se détache, tombe, et les étamines s'étalent hors du calice en une légère auréole.

Après la fécondation, l'ovaire se développe en un fruit verruqueux, à quatre loges, renfermant un grand nombre de petites graines noires ayant l'apparence de celles du tabac.

La forme de ces fruits varie suivant les espèces, et c'est l'un d'eux, qui a la figure d'un bouton d'habit, qui a fait donner par le botaniste La Billardière, qui l'a observé pour la première fois en Tasmanie, en 1792, le

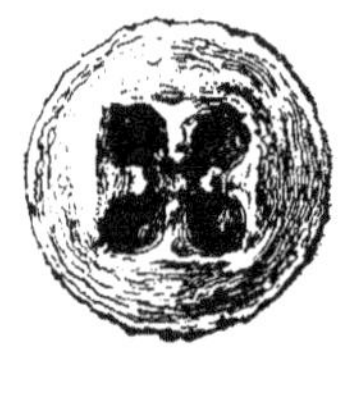

Fruit en forme de bouton d'habit de l'*Eucalyptus globulus*.

nom d'*Eucalyptus globulus*, ou *Eucalyptus bouton*, à celui de ces végétaux actuellement le plus connu.

Les feuilles des *Eucalyptus*, d'abord courtes et cordiformes, comme l'indique la partie inférieure de notre dessin (page 19), prennent, lorsque l'arbre atteint l'âge adulte, la forme allongée que représente la partie supérieure du même dessin. Elles sont alors coriaces, présentent sur leurs deux faces une organisation uniforme et sont parsemées de nombreuses petites vésicules translucides, renfermant une huile essentielle volatile, d'une odeur aromatique très pénétrante. L'écorce, les fleurs et les fruits exhalent également la même odeur balsamique. La plupart des *Eucalyptus* exsudent en outre une gomme

Rameau de jeune *Eucalyptus*.

résine très astringente, connue sous le nom de gomme *Kino*, ce qui leur a fait donner en Australie le nom de *Gommiers*.

La végétation des *Eucalyptus* est d'une rapidité prodigieuse et beaucoup d'espèces atteignent en peu d'années des proportions gigantesques. Un sujet de dix ans présente d'ordinaire le développement d'un chêne de cent ans venu dans de bonnes conditions. Les arbres âgés d'une centaine d'années atteignent ordinairement une hauteur de 60 à 70 mètres, et il n'est pas rare d'en trouver allant à 100 mètres, et mesurant de 14 à 15 mètres de circonférence à la base. Ces dimensions sont même parfois dépassées en certains endroits. On cite, à 64 kilomètres de Melbourne, non loin des sources de la rivière Watt, une forêt d'*Eucalyptus* géants qu'on vient visiter de tous les points du territoire et qui passe pour être absolument unique au monde. La taille des arbres varie de quatre-vingts à cent dix mètres, et l'un d'eux atteint même cent cinquante-deux mètres, c'est-à-dire, plus de la moitié de la Tour Eiffel. Le diamètre du tronc de cet arbre est de cinq mètres et demi. Ce doit être le plus grand du monde entier.

Malgré leur rapide croissance, les *Eucalyptus* n'en fournissent pas moins des bois résineux d'une solidité telle, qu'ils peuvent rivaliser avec les bois les plus durs de l'Inde.

D'après la *Revue Maritime et Coloniale*, les travaux maritimes, quais, digues, etc., qui ont été exécutés dans le Yarra-Yarra et dans Hobson's-Bay, le port maritime de Melbourne, sont en bois d'*Eucalyptus*, qui résiste admirablement à l'action de l'eau. On cite des pièces restées immergées pendant 25 ans sans avoir éprouvé la moindre altération. Pour la construction des navires baleiniers, qui exigent une résistance particulière en raison de leur navigation dans les glaces, il faut des bois d'une solidité exceptionnelle. La réputation de ceux construits à Hobart-Town est due à l'emploi de l'*Eucalyptus globulus*.

Presque toutes les espèces produisent des bois excellents pour tous les genres de constructions, pour les travaux de charpente, de carrosserie, d'ébénisterie, et toujours caractérisés par un grain plus ou moins fin et serré, par une densité très grande.

On conçoit qu'un bois d'une telle valeur constitue l'une des sources de richesse les plus considérables de l'Australie. Il y a déjà quelques années, on en exportait à Van Diémen pour plus de 20 millions de francs. Aussi les gouvernements australiens, en présence du dépeuplement forestier de certaines régions, ont-ils réglementé l'exploitation des forêts d'*Eucalyptus*.

Ces gouvernements attachent d'ailleurs à ces forêts une importance qui n'est pas seulement économique.

Dès les débuts de la colonisation en Australie, on remarqua que, dans les régions où abondait l'*Eucalyptus*, les fièvres intermittentes étaient complètement inconnues, tandis qu'elles décimaient les populations dans les localités humides et chaudes où cet arbre manquait. On en conclut, avec assez de raison, que l'immunité dont jouissaient, par rapport à la fièvre intermittente, les contrées couvertes d'*Eucalyptus*, était due à la présence de ces arbres.

Ces propriétés bienfaisantes sont attribuables à la fois aux émanations aromatiques des *Eucalyptus* et à la faculté qu'ont ces arbres de dessécher les terrains marécageux par l'énergique absorption de leurs racines.

D'après le Dr Gimbert, la propriété intense qu'ont les *Eucalyptus* d'absorber par les racines et d'éliminer par les feuilles — qui explique la prodigieuse rapidité de leur croissance, — fait de ces arbres de véritables appareils d'épuration, qui empruntent au sol ses carbures hydratés et les rendent à l'atmosphère en vapeurs balsamiques et oxygénées.

Il importe de rappeler ici, comme nous l'a fait observer M. Ch. Naudin, les découvertes du Dr Laveran, d'après lesquelles ce ne seraient ni l'air, ni l'eau qui propageraient la fièvre, mais les moustiques, dont les larves vivent dans les eaux croupissantes, et dont les piqûres seraient empoisonnées par le microbe pathogène de la fièvre, — d'une manière analogue à la propagation du charbon des bœufs sous forme de pustule maligne. Il en serait de même de la fameuse mouche tsétsé de Cafrerie, et peut-être de la propagation de la fièvre jaune.

Le genre *Eucalyptus*, très considérable, ne comprend pas moins de 160 espèces, mais on n'en connaît bien que cinquante environ. Malgré leurs précieuses qualités, toutes sont restées pendant longtemps confinées en Australie et dans les îles voisines.

Dans la première moitié de ce siècle, plusieurs espèces d'*Eucalyptus* furent introduites en Europe et figurèrent dans les jardins botaniques. Mais on ne songea pas d'une manière vraiment sérieuse à les multiplier et à en tirer parti.

« A cette époque, comme le dit M. Naudin, dans son premier Mémoire eucalyptographique, personne ne soupçonnait encore l'importance que cet arbre devait avoir dans la culture industrielle; c'est seulement en 1852 que M. Ferdinand Müller (1), parcourant les forêts d'*Eucalyptus* de la colonie de Victoria, reconnut la valeur de l'arbre et eut la première idée de le faire servir aux reboisements dans le midi de l'Europe. A partir de ce

(1) Directeur du Jardin botanique de Melbourne.

moment commencèrent les envois de graines de ce grand propagateur des *Eucalyptus*. »

Il fut secondé dans cette tâche par un Français, M. P. Ramel, qui, au cours de voyages qu'il fit en Australie, de 1854 à 1860, entra en relations avec M Müller, eut l'occasion d'apprécier les multiples et précieuses qualités des *Eucalyptus*, particulièrement de l'*Eucalyptus globulus*, et en importa à plusieurs reprises des semences qu'il distribua notamment au Muséum, à la Société d'Acclimatation et aux Serres de la Ville de Paris.

Des essais de culture furent tentés simultanément au Jardin d'Acclimatation du Bois de Boulogne, au jardin fleuriste de la Muette, à la Malmaison, à Toulon, à Hyères, à Antibes, où M. Thuret, dans son magnifique jardin, fit les premiers semis en pleine terre. Alphonse Karr en planta à Saint-Raphaël. Ils réussirent tous si bien que la culture de l'*Eucalyptus globulus* se propagea sur tout le littoral méditerranéen.

Ce succès engagea M. Ramel à faire parvenir également des semences au jardin d'essai du Hamma, près d'Alger. L'*Eucalyptus* y prospéra et se répandit avec rapidité dans toute la colonie. Aujourd'hui, c'est par millions que l'on y compte les arbres de cette essence, et le nombre s'en accroît constamment.

En Portugal, en Espagne, en Corse, en Italie, en Egypte, au Sénégal, à l'île de la Réunion, dans l'Amérique du Sud, cette culture prospère également.

En un mot, l'acclimatation des *Eucalyptus* a réussi partout où elle a été entreprise dans des conditions raisonnables, c'est-à-dire dans un milieu à l'abri de trop grands excès de froid ou de sécheresse. Quelques années ont suffi pour répandre et naturaliser ces précieux végétaux dans les cinq parties du monde. D'ailleurs, en ce qui concerne cette question de l'acclimatation, il y a lieu de faire remarquer, avec le Dr Baillon, que le genre *Eucalyptus* comprend un grand nombre d'espèces qui toutes ont leur humeur et leur tempérament différents. Il convient donc d'essayer toutes les espèces que nous avons à notre disposition.

Ces importantes expériences ont été commencées par feu Gustave Thuret, dans sa villa d'Antibes, dont l'Etat et le monde scientifique sont redevables à la libéralité patriotique de Mme Henri Thuret, sa belle-sœur, et qui est devenue, sous l'habile direction de M. Ch. Naudin, de l'Institut, le principal centre d'études eucalyptographiques.

M. Naudin, à force de persévérance, et grâce à ses relations fréquentes avec les botanistes les plus éminents du monde entier, y a réuni la collection d'*Eucalyptus* la plus nombreuse et surtout la plus riche en espèces de tout l'ancien continent. M. Félix Sahut (1) appelle ce jardin « le quartier-général des *Eucalyptus* ». M. Naudin nous écrit qu'il s'y trouve actuellement environ 80 espèces ou sous-espèces d'*Eucalyptus*, dont plusieurs que Ferdinand Müller ne connaissait pas. A cette occasion, il attire notre attention sur quelques espèces peu ou point connues du public et qui sont de premier ordre pour les acclimateurs, telles que les *Eucalyptus Amygdalina* (vrai), *Gomphocephala*, *Gunnii*, et les *Eucalyptus* rustiques (*Eucalyptus coccifera*, *urnigera*, *mazeliana*, etc., etc.), capables de résister à des gelées de — 13° centigrades, et susceptibles, par conséquent, d'être acclimatés dans certaines régions du Nord de la France. M. Naudin nous dit, en outre, que beaucoup d'*Eucalyptus*, quoiqu'étant

(1) Les *Eucalyptus*, 1 vol in-8°, 1888, p. 109.

de simples arbrisseaux, ont une valeur ornementale, surtout l'*Eucalyptus ficifolia*, à grandes fleurs pourpres.

Hors de son habitat naturel, l'*Eucalyptus* conserve toutes ses qualités et notamment l'extraordinaire rapidité de sa croissance, qui peut atteindre trois ou quatre mètres par an. En Provence, comme en Algérie, il atteint en quatre ou cinq ans une hauteur d'au moins quinze mètres, sur une circonférence de 80 centimètres à 1 mètre à la base du tronc.

Voici une preuve de la croissance parfois phénoménale des *Eucalyptus*. Près d'Alger se trouve un arbre de 11 ans qui mesure en circonférence : au ras du sol, 3 mètres 25 cent., à 20 cent. environ, 2 mètres 38 cent., à 1 mètre, 2 mètres 02 cent.

La hauteur, en regardant au sommet de la plus haute branche, est de 28 mètres environ. Cet arbre est près d'une maison, dans une cour qu'il abrite entièrement.

On peut se demander quelles seront ses dimensions quand il aura 80 ans, terme de croissance en hauteur, attribué en Australie aux *Eucalyptus*.

Il paraît démontré que l'Algérie pourra s'enorgueillir un jour de posséder en *Eucalyptus*, des géants qui ne le céderont en rien à ceux d'Australie.

C'est surtout sa rapidité de croissance qui a fait le succès de cette essence.

Il est à remarquer, en outre, qu'en Algérie, les forêts d'*Eucalyptus* ont cet avantage, qu'elles sont difficiles à incendier parce qu'en peu d'années les branches se trouvent à une grande élévation au-dessus du sol, et parce qu'elles ne permettent pas la végétation d'un sous-bois rempli de lianes et de broussailles.

Partout où l'*Eucalyptus* s'est développé, ses propriétés assainissantes et hygiéniques se sont fait immédiatement sentir. Il a chassé les fièvres paludéennes et les moustiques de régions jusqu'alors inhabitables.

Aussi, dès 1865, M. Hardy écrivait-il : « Il faudrait, en Algérie, pouvoir entourer les habitations d'*Eucalyptus*, afin d'en faire des remparts contre la fièvre. »

Ce vœu a été en grande partie réalisé. La liste est longue des localités de l'Algérie, autrefois réputées pour leur insalubrité, à cause du voisinage de marais dont les pernicieuses effluves engendraient des fièvres paludéennes meurtrières. Tels étaient le lac Fezzara, Maison-Carrée, le gué de Constantine, Touggourt et nombre d'autres. Des plantations importantes d'*Eucalyptus* ont complètement métamorphosé toutes ces régions. Partout, ces arbres, en absorbant l'excès d'humidité du sol, ont fait disparaître toutes traces de marécages, et définitivement débarrassé le pays de ces fièvres paludéennes qui faisaient à elles seules, en Algérie, plus de victimes que toutes les autres maladies réunies.

CHAPITRE II

Emploi industriel des bois d'Eucalyptus

Personne n'ignore les funestes conséquences de la disparition des forêts, particulièrement en France, et l'impérieuse obligation du reboisement au point de vue du climat, de l'agriculture et de l'industrie. La pénurie de bois d'œuvre, qui se fait sentir chaque jour davantage, impose la nécessité de créer de nouvelles ressources pour satisfaire aux exigences d'une consommation toujours croissante.

Or, nos espèces forestières indigènes, avec leur végétation lente, répondent mal aux besoins d'une jouissance hâtive; personne ne peut songer à faire de la plantation des arbres une opération commerciale : c'est un placement à trop longue échéance. Mais il en est tout autrement avec l'*Eucalyptus*, en raison de la rapidité phénoménale de sa croissance et de la qualité supérieure de ses produits.

En effet, dans nos pays comme en Australie, le bois d'*Eucalyptus* acquiert, de très bonne heure, la dureté exceptionnelle, la force dynamométrique, la ténacité, l'incorruptibilité, la résistance aux insectes et à la pourriture humide qui le distinguent entre tous.

Il est donc des usages industriels des plus rémunérateurs qui lui sont tout spécialement réservés.

Nous ne pourrions nous appuyer sur une meilleure autorité, en ce qui concerne cet objet particulier, que celle de M. Ernest Lambert, ancien conservateur des forêts à Alger, qui a tout spécialement étudié la culture de l'*Eucalyptus* au point de vue de l'utilisation du bois, parce qu'il considérait le bois d'œuvre comme le principal produit à tirer de cette essence et comme la règle de son exploitation (1).

M. Lambert établit d'abord les dimensions moyennes des *Eucalyptus globulus* dans les conditions les plus ordinaires de culture, et dresse le tableau suivant :

A 1 an,	3	mètres de hauteur,	o m.	10	de circonférence à 1 mètre du sol
2	5	—	0	15	—
3	7	—	0	35	—
4	10	—	0	45	—
5	13	—	0	60	—
6	15	—	0	75	—
7	17	—	0	90	—
8	19	—	1	20	—
9	22	—	1	50	—

Puis, rapprochant ces diverses dimensions de celles que doivent avoir les bois de certains échantillons usités dans le commerce et l'industrie, et sans même tenir compte de la qualité supérieure du bois d'*Eucalyptus*, qui permettrait d'obtenir la même force sous des dimensions moindres que pour les autres essences, il arrive aux résultats suivants :

1° Dès l'âge de deux ans, le gaulis, ayant 5 mètres de hauteur sur o m. 15 de circonférence, sera susceptible de fournir des fourches, des manches de fouet, de pioche, pelle, bêche, houe, masse, massette et autres outils. En Provence, on exploite le micocoulier à six

(1) E. Lambert. *Eucalyptus : culture, exploitation et produit. Son rôle en Algérie* (Bulletin de la Société d'Acclimatation, 2e série, t. IX, p. 760).

ans, uniquement pour ces mêmes destinations, et l'on en tire un très grand profit. L'*Eucalyptus* pouvant fournir les mêmes bois à deux ans, soit trois fois consécutivement pendant la période de six ans, produirait ainsi trois fois plus que le micocoulier en matière, et près de cinq fois plus en argent, si l'on tient compte des intérêts de la valeur des coupes, réalisée quatre ans plus tôt avec la nouvelle essence. D'après le calcul auquel se livre M. Lambert, les pieds de deux ans vaudraient 60 centimes la pièce.

2° La perche de trois à quatre ans est bonne à faire des flèches et limonières de voiture, des montants d'échelles et de brancards, des poutrelles pour constructions légères, des piquets et palis de clôture, des rais de roues et d'échelles. M. Lambert compte un prix moyen de 5 francs par pied d'arbre.

3° De cinq à six ans, l'*Eucalyptus* fournit le poteau télégraphique, que le pin des Landes ne donne qu'à l'âge de vingt-cinq ans, et qu'il faut injecter au sulfate de cuivre pour lui donner plus de durée, ce qui, par contre, le rend plus cassant. En vingt-cinq ans, l'*Eucalyptus* aura successivement fourni quatre ou cinq poteaux, sans nécessiter l'opération toujours coûteuse de l'injection. Dans ces mêmes dimensions, il peut d'ailleurs être débité en certaines pièces de charronnage, ou bien utilisé pour le soutènement des galeries de mines, usage auquel il est éminemment propre. L'estimation de sa valeur à 10 francs par pied est donc des plus modérées.

4° A sept ou huit ans, ses dimensions lui feront atteindre une valeur de 30 francs, pour le charronnage, le boisage des mines et souterrains, la tonnellerie, la menuiserie, etc. Simplement refendu dans la partie la plus forte de son tronc et équarri à l'autre extrémité, il fournira des traverses ordinaires de chemins de fer.

5° A sa neuvième année, l'*Eucalyptus*, mesurant 1 m. 50 de circonférence sur 15 mètres de grosse bille, donne plus de 1 mètre cube 1/2 de bois particulièrement propre à être employé soit en grume ou à peine équarri (en pilotis, dans la construction des ports, des jetées, des quais, des embarcadères, comme on le fait sur une grande échelle en Australie), soit débité en plein bois, pour la charpente des maisons, le matériel roulant, les disques, les traverses et les coins de rails des voies ferrées, la carrosserie et la menuiserie, notamment en moyeux, jantes, sabots pour freins de voitures et wagons. Chaque arbre peut être estimé 70 francs.

En se basant sur ces prix très modérés, M. Lambert établit le bilan d'une exploitation forestière en Algérie, et arrive, tous frais déduits, à un rendement net de plus de 36,000 francs par hectare, à répartir sur une période de neuf ans, soit 4,000 francs par an.

On ne peut que conclure, avec l'auteur, que l'*Eucalyptus*, par la supériorité de sa croissance, est certainement le premier de tous les arbres, la plus lucrative de toutes les exploitations forestières.

Il s'agit, dans ces calculs, de l'*Eucalyptus globulus*. Mais plusieurs autres espèces, dont la culture a été essayée sur divers points, et notamment en Algérie, ont déjà pu être appréciées.

Parmi celles qui méritent le plus d'attirer l'attention, il faut citer en première ligne l'*Eucalyptus marginata*, auquel les Anglais donnent le nom de *Mahogony* ou *acajou de la Nouvelle-Hollande*, et que les indigènes australiens appellent *jarrah*. Cet arbre fournit un bois dur, pesant, rouge, principalement employé en Australie pour les constructions maritimes, parce que, mieux que tout autre, il résiste aux attaques des insectes et des tarets. En outre, son grain fin et très serré le rend susceptible d'un beau poli; les jolies veines dont il est nuancé rappellent celles de l'acajou, et l'ébénisterie en tire, en Australie, un très grand parti.

Pour les poteaux télégraphiques, des expériences comparatives prolongées ont établi que le meilleur bois est celui de l'*Eucalyptus rostrata*, qui offre une durée de 20 ans. En conséquence, les administrations australiennes ont décidé, depuis déjà plus de vingt-cinq ans, que tous les poteaux télégraphiques seraient faits en *Eucalyptus rostrata*.

La plupart des espèces ont donné d'excellents résultats dans la tonnellerie, leurs bois ne conservant aucune odeur et ne communiquant aucun goût aux liquides qu'ils contiennent. L'utilisation de ce bois dans l'industrie du foudrier aurait en outre l'avantage d'éviter le lourd tribut que paie cette industrie à l'étranger, pour l'importation du bois de chêne de Russie.

Depuis longtemps, le bois des *Eucalyptus rostrata* et *leucoxylon* est employé à Melbourne pour le pavage.

Cet emploi s'est également répandu à Londres, où l'on importe d'Australie, à cet effet, d'importantes quantités de blocs de *jarrah (Eucalyptus marginata)*.

La Ville de Paris a fait depuis quelques années des essais de pavage en bois d'*Eucalyptus*, notamment rue Lafayette. Les essences employées étaient le *jarrah* et le *karri* d'Australie, d'un prix démesurément élevé, à cause du frêt qu'elles ont à supporter.

Il est regrettable qu'on n'ait pas, en cette circonstance, suivi les conseils de M. Ch. Naudin, accordant la préférence, pour le pavage en France, à l'*Eucalyptus globulus*, qui l'emporte sur presque tous les autres par son rapide développement, dont le bois est lourd et compact, et qui a en outre l'avantage considérable d'être le plus commun du genre et le plus facile à élever. Le choix de cette essence serait économique, l'Algérie pouvant suffire à tous les besoins.

Pour les meubles, l'expérience a déjà été faite en France avec succès. Qu'ils soient droits, courbes ou tournés, une fois vernis, ils ne se fendent jamais. On peut en voir de tels, dans les bureaux de l'administration du Jardin d'Acclimatation, fabriqués par M. Bouchereau, de Choisy-le-Roi.

L'*Eucalyptus polyanthema*, à bois exceptionnellement lourd et dense, constitue un véritable rival du buis et peut, par conséquent, être employé, non seulement pour le pavage, mais pour la sculpture sur bois, etc., etc. (1).

Enfin, même considéré uniquement au point de vue du chauffage, le bois d'*Eucalyptus* serait encore le plus productif et constituerait, en outre, comme l'a fait observer M. Ch. Naudin, une précieuse ressource pour les chemins de fer Sud-Algériens et Sahariens.

C'est, en effet, un excellent combustible.

Dans les parties de l'Australie où la houille est rare. on la remplace généralement dans l'industrie par le bois de l'*Eucalyptus*. Les chemins de fer surtout en font une consommation effrayante. L'*Eucalyptus rostrata*, en raison de son abondance, est le plus employé, et, s'il brûle moins facilement et avec moins de flamme que quelques autres bois, sa braise conserve longtemps beaucoup de chaleur. Le charbon qu'on en obtient est très

(1) Renseignement particulier de M. Ch. Naudin

estimé des fondeurs et des affineurs d'or, ainsi que pour une foule d'autres arts industriels.

L'*Eucalyptus globulus* fournit un excellent chauffage, une braise ardente et qui reste longtemps en ignition, un charbon ayant beaucoup de calorique, de densité et de tenue.

L'*Eucalyptus Corymbosa* donne un bois de couleur rouge, très estimé pour le chauffage, de même que celui de l'*Eucalyptus longifolia*.

Le bois de l'*Eucalyptus leucoxylon* brûle avec une flamme brillante, en dégageant beaucoup de chaleur. Toutefois ce bois, de même que celui des *Eucalyptus stuartiana*, *viminalis*, *obliqua*, *gigantea*, *microcorys*, etc., est de beaucoup inférieur comme combustible, à celui des *Eucalyptus rostrata* et *globulus*, bien qu'il soit aussi très généralement employé.

D'après les recherches alcalimétriques du Dr Muller, les cendres du bois d'*Eucalyptus* sont plus riches en potasse que celles de l'orme et de l'érable, les plus estimées à ce point de vue en Amérique. Le rendement de ces dernières n'est guère que de 10 o/o, tandis qu'il peut s'élever jusqu'à 21 o/o pour les cendres d'*Eucalyptus*.

C'est probablement à cette richesse en potasse qu'est due la propriété dont jouit le bois d'*Eucalyptus* découpé en fines lamelles et introduit dans les chaudières à vapeur, d'empêcher la formation des incrustations calcaires.

Les produits de la distillation ou carbonisation en vase clos du bois d'*Eucalyptus* sont ceux qu'on obtient d'ordinaire par cette opération avec tous les autres bois : acide pyroligneux, goudron, alcool méthylique, résidus charbonneux et produits gazeux. Les feuilles et les jeunes branches de plusieurs espèces sont particulièrement riches en hydrocarbures.

Aussi, l'une d'elles, l'*Haemastoma*, sert-elle fréquemment, dans les campagnes de la Nouvelle-Hollande, à faire des torches; ses jeunes rameaux brûlent avec une flamme brillante.

Une autre espèce, l'*Oleosa*, dont les feuilles contiennent une quantité considérable d'huile essentielle, est utilisée dans certains centres industriels d'Australie, à la production d'un gaz d'éclairage suffisant. M. Ch. Naudin nous signale également les *Eucalyptus concolor* et *citriodora*, comme particulièrement riches en essence.

Ces résultats prouvent qu'on peut obtenir facilement et sans grands frais d'abondants produits d'une valeur commerciale réelle, en utilisant ainsi tout ce qui n'est pas susceptible de servir comme bois de construction ou autrement.

CHAPITRE III

Emploi industriel des écorces, des ramilles et des feuilles d'Eucalyptus

L'écorce des *Eucalyptus* est d'une extrême tenacité, comme suffiraient à en témoigner les noms vulgaires d'*iron bark* (écorce de fer) et de *stringy bark* (écorce fibreuse) donnés à certaines espèces.

Chez quelques-unes de ces dernières, — telles que les *Eucalyptus obliqua* et *resinifera*, — elle est épaisse, subéreuse ou fongueuse, et s'enlève facilement par grandes plaques dont les naturels de l'Australie se servent pour couvrir leurs cases.

Elle est, en outre, imputrescible. Le Dr Miergues, de Bouffarik, dit (*Science pour tous* du 15 janvier 1870) en avoir conservé dans l'eau pendant près d'un an, en la soumettant à des battages fréquents, sans qu'elle ait pu se corrompre. Ces écorces sont propres à faire du carton pour toitures légères, résistant à toutes les intempéries. L'industrie australienne en fait aussi des nattes grossières et des paillassons considérés comme inusables.

L'écorce des *Eucalyptus rostrata* et *corymbosa* fournit aux papeteries une matière première abondante, mais qui ne peut guère être utilisée que pour la fabrication du carton. On en fait aussi cependant d'assez bon papier à filtrer.

L'écorce des *Eucalyptus* peut être égalementemployée dans la tannerie.

En effet, M. C. Hoffmann, de Melbourne, a constaté que, dans presque toutes les espèces, elle contient plus d'acide tannique et d'acide gallique que celles du chêne ou autres déjà employées pour le tannage des peaux.

Le lieu de provenance exerce toutefois une influence très grande sur la composition chimique de l'écorce. M. Cloëz a rencontré fort peu de tannin, au moyen de la réaction par les persels de fer et la solution de gélatine, dans les *Eucalyptus* nés au Jardin des Plantes de Paris, tandis qu'en Egypte, M. Maillard de Marafy l'a trouvé assez abondant pour affirmer que son importance primera celle des autres produits accessoires de l'arbre.

En général, l'écorce superficielle, qui se détache annuellement comme celles des platanes, possède assez de tannin pour être utilisée dans la tannerie, même lorsqu'elle a passé l'hiver sur le sol.

Aussi, en Australie, en Espagne et en Portugal, l'utilise-t-on sur une très large échelle pour le tannage des peaux.

Par la distillation, on en retire de la résine et du goudron

En ce qui concerne les ramilles et les feuilles, M. Maillard de Marafy, dans sa plantation de Ziba, près Alexandrie, en les pulvérisant à la manière des sumacs, a obtenu, à la dose du sumac de Sicile, — le meilleur du commerce, — des noirs intenses sur coton et sur laine qui ne laissent rien à désirer.

Aussi écrit-il à ce propos :

« Je ne saurais assez attirer l'attention des possesseurs de forêts d'*Eucalyptus* sur cette nouvelle source de revenu. La simplicité de l'opération et la permanence du produit permettront aux propriétaires d'attendre sans trop d'impatience la coupe des futaies, et, au moment de l'abattage, les feuilles et le menu branchage ne seront plus un produit accessoire, mais rivaliseront peut-être avec le rendement du bois. » (*L'Eucalyptus; nouvel emploi industriel*, dans *l'Egypte agricole*, T. I, p. 7).

Nous traiterons, dans un chapitre spécial, de l'emploi du liber, des ramilles et des feuilles dans les industries textiles, d'après les nouvelles découvertes, dont les brevets viennent d'entrer en exploitation, dans les différents pays du monde.

CHAPITRE IV

Les Gommes-Résines et autres exsudats des Eucalyptus

La plupart des *Eucalyptus* ont leur matière liquide plus ou moins imprégnée de gomme-résine contenue dans des cellules spéciales. Généralement, ces cellules propres sont rompues, et la substance résineuse extravasée forme dans l'épaisseur du tronc des arbres de tout âge, des dépôts plus ou moins abondants, logés dans des cavités allongées dans le sens du bois. La gomme, qui n'est d'abord qu'un liquide visqueux comme de la mélasse, s'épaissit peu à peu dans ces cavités, se dessèche, et se prend en masses solides et friables.

En pratiquant des incisions aux troncs des arbres, la gomme-résine en découle très abondamment à l'état liquide : un pied peut en fournir plus de deux cents litres. Elle se dessèche sur le tronc, et se présente alors sous la forme de petites masses dures, compactes, irrégulières, parfois striées et renfermant quelques parcelles de bois. Leur couleur la plus habituelle est le rouge-brun foncé, tantôt veiné de jaunâtre ou de vert olive et d'un aspect terne, tantôt d'une très belle nuance rouge uniforme, transparente et à reflets brillants. On trouve assez souvent aussi des morceaux noirs et opaques. Une dessication complète, au bain-marie, leur fait perdre 15 à 20 o/o de leur poids. Les morceaux présentent alors une cassure vitreuse ; ils sont excessivement friables et se laissent facilement pulvériser. D'une saveur astringente, mais sans amertume, elles colorent la salive en rouge et adhérent sous la dent.

Les indigènes, en Australie, sont très friands de la gomme-résine des *Eucalyptus*, qui les nourrit et, faute d'eau potable, sert, lorsqu'elle est à l'état frais et liquide, à les désaltérer.

Ils se la procurent sans beaucoup d'efforts. Ils creusent à l'endroit même où le tronc se perd dans le sol, un trou profond, et c'est par cet ulcère factice que s'écoule la sève gommeuse. Ils se couchent à plat-ventre et boivent à l'arbre, comme à un ruisseau.

On compte autant de gommes-résines que d'espèces d'*Eucalyptus*. Toutes se ressemblent beaucoup par leurs caractères physiques, mais ne sont pas également solubles dans l'eau. Celle de l'*Eucalyptus fabrorum* s'y dissout complétement, même à froid ; tandis que celle de l'*Eucalyptus corymbosa* reste en partie insoluble, à moins qu'on n'ajoute à l'eau quelques gouttes d'ammoniaque.

Une fois dissoute, la résine se gonfle, prend l'apparence et la consistance d'une gelée de coloration presque rouge. Par l'évaporation, le liquide se concentre et donne par la calcination un charbon léger.

C'est cette résine, associée aux essences, qui en se condensant, donne au bois d'*Eucalyptus* ses précieuses propriétés, la dureté et la force qui le rendent imputrescible et inattaquable par les insectes.

En dissolution dans l'eau, toutes les gommes-résines d'*Eucalyptus* donnent une réaction acide avec le tournesol ; mais, essayées avec d'autres réactifs, elles présentent quelques différences entre elles. Le précipité obtenu par la solution de gélatine ne paraît pas correspondre, par son abondance, avec leur saveur fortement astringente; quelquefois, il ne se forme même pas de précipité du tout. Avec l'acétate de plomb, il se forme un précipité abondant et gélatineux, et, avec les sels de fer, diverses teintures vertes ou noires. Les acides minéraux déterminent un épais dépôt floconneux.

La plus répandue de ces gommes-résines est celle de l'*Eucalyptus resinifera*, qui renferme une assez grande quantité de tannin et une matière colorante rouge soluble dans l'eau.

On confond généralement toutes les autres avec celle-là, et comme elles sont analogues, par l'aspect et par les propriétés, à la gomme Kino, on les exporte sous le nom de *Kino de Botany-Bay*.

Elles sont employées comme astringent contre les diarrhées rebelles, la dyssenterie et les flux séreux.

Quelques *Eucalyptus* laissent suinter à la surface de leurs feuilles une substance particulière, qu'à cause de son analogie avec la manne, on désigne communément sous le nom de *Manne d'Eucalyptus*.

Elle est secrétée en abondance, durant les premiers mois de l'été, par les feuilles et les jeunes rameaux de l'*Eucalyptus viminalis*, *oleosa* et *dumosa*, à la suite de piqûres d'insectes ou de tout autre blessure accidentelle faites à ces parties de l'arbre. Très liquide d'abord et transparente, elle s'épaissit, se solidifie peu à peu, et forme de grosses larmes gommeuses arrondies, irrégulières, présentant ordinairement à leur extrémité un renfoncement qui indique l'endroit par lequel elles adhéraient à la feuille ou au rameau. Leur couleur est d'un blanc opaque, et leur saveur douce et agréable. Cette substance, qui est en grande partie formée de sucre de raisin ou de *mélitose*, est de couleur jaunâtre, d'une saveur aromatique, mais un peu amère au bout d'un instant; elle renferme environ 6 o/o de *mannite*.

On l'emploie aux mêmes usages que la manne ordinaire.

CHAPITRE V

L'Eucalyptus en Thérapeutique et en Parfumerie. L'Eucalyptol. — L'Eucalyptor.

Nous avons vu qu'au point de vue hygiénique, les plantations d'*Eucalyptus* constituent déjà par elles-mêmes, un des plus efficaces fébrifuges connus.

On avait constaté, en outre, depuis longtemps, en Australie, que l'infusion théiforme des feuilles de ces arbres, boisson légèrement colorée, amère et astringente, jouit également de propriétés fébrifuges prononcées.

Après l'introduction des *Eucalyptus* en Europe, il semble que ce soit en Espagne que l'on ait songé pour la première fois à utiliser leurs feuilles de la même manière. Ce remède devint rapidement populaire. En Catalogne, l'*Eucalyptus* était couramment désigné sous le nom d'*arbre à la fièvre*, ou mieux d'*arbre contre la fièvre*, suivant la judicieuse remarque de M. Ahumada. A Valence, à Cordoue, à Séville, à Cadix, on cite mille exemples typiques de la valeur que le peuple attribuait à cette médication dès les premiers temps de l'acclimatation des *Eucalyptus* : arbres complètement dépouillés de leurs feuilles lorsqu'ils n'étaient pas gardés ; feuilles délivrées aux malades seulement, sur certificat d'un médecin, etc.)

Cette confiance était d'ailleurs justifiée par les merveilleux résultats obtenus, toutes les fois que l'on a employé en thérapeutique soit l'*Eucalyptus*, soit ses dérivés, non-seulement dans les cas les plus prolongés de fièvres intermittentes, rebelles à la quinine et aux autres fébrifuges, mais dans d'autres affections telles que l'asthme, les bronchites, la tuberculose pulmonaire, les catarrhes vésicaux, etc.

Les attestations de ces faits abondent, ainsi qu'en témoigne le rapide historique que nous allons en faire.

Dès 1865, Tristani et Régulus Carlotti signalèrent les vertus curatives de l'*Eucalyptus* dans la fièvre intermittente.

En 1866, Hardy l'employa dans le choléra et en obtint de bons résultats.

En 1867, le Dr Adolphe Brunel, médecin en chef de l'hôpital de Montevideo, mis en éveil par ces succès, tenta la même application dans son service, et fut si frappé des résultats, qu'il les consigna en détail dans ses remarquables *Observations cliniques sur l'Eucalyptus globulus.*

Dans ce mémoire, il cite seize observations personnelles très caractéristiques sur des fiévreux de tout âge, de tout sexe, appartenant aux nationalités les plus diverses. Toujours, même dans les cas les plus réfractaires à la quinine, le résultat obtenu est une guérison rapide et complète.

Quoique la lecture de ces faits soit des plus convaincantes, le Dr A. Brunel les appuie des observations que nous avons signalées plus haut, et d'autres faits, en Allemagne, en Autriche, dans les pays danubiens, etc.

En 1868, le Dr Constantin Paul fit des essais sur lui-même et se guérit rapidement d'une bronchite capillaire.

Le Dr Gimbert, de Cannes, écrivait à la même époque : « C'est une heureuse trouvaille pour la médecine, et les magnifiques résultats que j'ai obtenus placent l'*Eucalyptus* au rang des grands médicaments connus. »

En même temps, le professeur Gubler donnait à l'emploi thérapeutique de l'*Eucalyptus* l'appui de sa haute autorité. D'après lui, c'est un médicament anti-catarrhal diminuant ou supprimant l'expectoration. L'*Eucalyptus* trouve son indication la plus rationnelle dans la maladie des muqueuses et spécialement dans les affections subaiguës ou chroniques des voies respiratoires. L'action qu'il exerce sur la nature de l'expectoration se montre d'autant plus utile que la secrétion est plus abondante, plus opaque et véritablement muco-purulente.

En 1870, le Dr Martin a attribué à l'emploi de l'*Eucalyptus* un grand nombre de guérisons dans le choléra.

En 1872, le Dr Demarquay fit usage de l'*Eucalyptus* pour la désinfection des plaies et obtint de bons résultats.

En 1875, le Dr Bucquoy a obtenu d'excellents succès dans la gangrène pulmonaire.

En 1876, les Pères Trappistes ont obtenu des succès remarquables dans la fièvre intermittente.

Les docteurs Trousseau et Pidoux ont fait aussi observer que l'*Eucalyptus* possède la propriété de diminuer l'expectoration et de la rendre moins purulente. Son action, disent-ils, se rapproche de celle de l'essence de térébenthine et du goudron.

Ils l'ont employé pour combattre l'ozène, les stomatites aphteuses et ulcéreuses, et aussi dans les maladies citées plus haut. (*Traité de thérap.*, *1877*).

En 1877, le Dr Walcker signale et confirme les résultats obtenus par Bell.

En 1878, le Dr Bell vante l'emploi de l'*Eucalyptol* dans l'entérite ulcéreuse de la fièvre typhoïde, dans l'angine couenneuse et le croup.

En 1879, le Dr Rodolfi fit remarquer que l'*Eucalyptus*

s'élimine peu par l'urine; ce qui concorde avec l'opinion de Gubler. (*Commentaire de thérap.*).

En 1882, le professeur Dujardin-Beaumetz recommande de donner l'*Eucalyptol* dans la bronchite fétide et dans la phtisie pulmonaire.

En 1885, le Dr Bonamy (de Nantes) relate de nouveaux cas de gangrène pulmonaire traités et guéris par l'*Eucalyptus*, venant confirmer les résultats de Bucquoy.

Il fait connaître les succès remarquables obtenus par le Dr Saundry, de New-Plymouth (Australie) dans la diphtérie, la bronchite, l'influenza.

Le Dr Bonamy conclut, dans son travail, que l'*Eucalyptus* ou l'*Eucalypol* est le meilleur antiseptique des voies respiratoires.

La même année, les Drs F. Barthélemy et L. Blanchereau, de Nantes, ont employé l'*Eucalyptus* dans la diphtérie et en ont obtenu de signalés succès.

En 1887, le Dr Witthauer (*Memorabillen*, n° 3), après avoir étudié l'action de l'*Eucalyptus* dans les catarrhes des bronches, dans la pneumonie caséeuse, la tuberculose pulmonaire, — conclut que, dans la tuberculose, l'*Eucalyptus* donne d'aussi bons résultats que la créosote préconisée par le Dr Bouchard.

En 1889, le Dr Gingeot vante l'*Eucalyptol* dans le traitement des bronchites vulgaires.

Il le conseille dans les bronchites anciennes, apyrétiques, s'accompagnant d'expectoration facile et copieuse, et en injection sous-cutanée, chez les malades dont les voies digestives laissent à désirer.

Vouloir citer les noms de tous ceux qui, depuis lors, se sont occupés de l'*Eucalyptus* et de ses dérivés, serait allonger démesurément cette nomenclature. Le lecteur peut, d'ailleurs, se reporter à l'*Index Eucalyptographique* très complet que nous donnons à la fin de ce volume.

Le rapide historique que nous venons de faire suffit à démontrer que l'*Eucalyptus et ses dérivés* constituent des médicaments de premier ordre appréciés de toutes les sommités médicales.

Ces résultats concordants ont naturellement suggéré aux divers observateurs l'idée de rechercher par l'analyse chimique, dans les feuilles de l'*Eucalyptus*, le principe qui leur donne leur efficacité.

Nous citerons, de préférence, parmi les nombreux travaux effectués dans cet ordre d'idée, ceux de M. Cloëz, à cause de leur remarquable précision.

M. Ramel, en vue de l'usage spécial qu'il proposait de faire des feuilles d'*Eucalyptus*, en les fumant soit en cigarettes, ou en cigares, soit dans une pipe, avait prié M. Cloëz d'examiner si elles ne renfermaient aucun principe nuisible.

M. Cloëz constata, par des essais faits sur des animaux, qu'aucun des principes complexes susceptibles d'être extraits des feuilles de l'*Eucalyptus*, soit par incinération, soit par l'eau, l'alcool et l'éther sulfurique, n'avait de propriétés toxiques, et qu'ils excitaient, au contraire, l'appétit d'une manière remarquable.

Ayant alors fumé lui-même la feuille, il en trouva la fumée plutôt excitante que narcotique (1).

C'est au cours de ces essais que M. Cloëz a isolé, en distillant avec de l'eau des feuilles, soit fraîches, soit à tous les degrés de dessication (certaines étaient cueillies depuis cinq ans), une huile essentielle toujours identique à elle-même, principe immédiat pur, distinct par ses

(1) Cloëz. *Examen chimique des feuilles d'Eucalyptus globulus* (*Bulletin de la Société d'Acclimatation*, 2e série, t. V p. 654).

propriétés et par sa composition des espèces chimiques connues, et auquel il a donné le nom d'*Eucalyptol.*

C'est un liquide très fluide, incolore, bouillant régulièrement à 175°, doué d'une odeur aromatique analogue à celle du camphre.

D'ailleurs, la composition, l'odeur et les propriétés chimiques de l'*Eucalyptol* le placent à côté du camphre dont il est un homologue. Ses dérivés peuvent être aussi comparés à ceux du camphre.

Il est peu soluble dans l'eau, mais se dissout complètement dans l'alcool (1).

Soit à froid, soit à chaud, il dissout complètement toutes les résines, le caoutchouc, la gutta-percha, etc. Il est donc appelé à rendre d'importants services à l'industrie, notamment dans la fabrication des vernis.

L'*Eucalyptol* pourrait également servir pour l'éclairage. Il brûle avec une flamme blanche et sans fumée. En en ajoutant un dixième aux huiles de colza ou d'olive, on augmente considérablement leur pouvoir éclairant. Un huitième de cette essence, ajouté à l'alcool, produit un nouvel éclairage brillant et sans fumée. M. Raveret-Watel, dans sa monographie de l'*Eucalyptus*, s'est longuement étendu sur le pouvoir éclairant de l'*Eucalyptol* provenant des diverses espèces. Nous y renvoyons le lecteur désireux de connaître ces détails, trop abondants pour prendre place dans cette étude succincte.

Mais c'est surtout au point de vue hygiénique et thérapeutique que l'*Eucalyptol*, — comme son analogie avec le camphre pouvait déjà le faire pressentir — joue un rôle de plus en plus important.

---

(1) Cloëz. *Etude chimique de l'Eucalyptol.* (*Comptes-rendus de l'Académie des sciences*, t. LXX, p. 687).

C'est incontestablement le plus puissant des antiseptiques d'origine végétale. Il suffit pour s'en convaincre, de lire ce qu'en dit le Dr Gimbert, qui en a fait, à ce point de vue particulier, une étude approfondie.

« Mélangé à de l'albumine, de la fibrine que l'on vient de retirer des veines, l'*Eucalyptol* en empêche la décomposition; injecté dans les veines d'un animal, il en prévient ou retarde la putréfaction pendant longtemps, bien différent en cela de la térébenthine dont l'effet n'est que passager. Nous conservons des caillots de sang de lapins et de rats injectés à l'*Eucalyptol* depuis trois mois: ils ne sont point altérés; leurs tissus sont desséchés, momifiés, et exhalent le parfum d'*Eucalyptus*. Quelques gouttes d'*Eucalyptol*, répandues dans un appartement, corrigent les émanations désagréables qu'il peut y avoir et laissent des traces pendant plusieurs jours; nous l'avons employé avec succès dans les embaumements. »

Les précieuses qualités antiseptiques et microbicides des diverses essences de l'*Eucalyptus* les désignaient pour servir de base à une industrie spéciale qui, sous le nom de *Parfumerie à l'Eucalyptus*, mérite une mention particulière. Ses produits hygiéniques, antiseptiques et assainissants occupent partout, aujourd'hui, une place de faveur, aussi bien dans les administrations sanitaires, dans la marine, l'armée et les colonies, que dans les cabinets de toilette de nos élégants et de nos élégantes les plus délicats.

Lorsque nous parlons de *Parfumerie à l'Eucalyptus*, nous avons en vue les eaux de toilette, les dentifrices, les eaux et les huiles capillaires, les sels, et surtout les savons de toilette à l'*Eucalyptor*, et les autres produits du même genre, dont l'objet principal est de débarrasser énergiquement l'épiderme de tous les ferments ou germes microbiens contre lesquels nous sommes en lutte permanente, et que l'*Eucalyptol*, et les diverses essences de l'*Eucalyptus* détruisent infailliblement.

Nous envisageons également le savon spécial à l'*Eucalyptor* pour le lavage des lainages pour vêtements de dessous, particulièrement des tissus à la ouate d'*Eucalyptus*.

En raison même de son intense arôme, l'*Eucalyptus* qui offusque quelques-uns, mais qui plait à beaucoup, remplace avantageusement l'iris dans les armoires à linge, sous les tapis, dans les réserves de vêtements et de fourrures, qu'il garantit des mites et des insectes, tout en leur communiquant un parfum gradué suivant la dose employée.

C'est encore cette merveilleuse puissance microbicide de l'*Eucalyptol* qui le fait employer de préférence comme antiseptique dans les fièvres putrides, les suppurations fétides, les plaies de mauvaise nature, etc. L'huile essentielle éthérée d'*Eucalyptus* procède de l'*Eucalyptol*; elle est employée couramment dans le traitement des rhumatismes et de la goutte.

L'*Eucalyptol* est aussi la base du produit connu dans le commerce sous le nom d'*Eucalyptor*, désinfectant énergique concentré, composé d'après les dernières données de la science, et d'un usage à peu près général dans l'hygiène publique et privée.

L'*Eucalyptor* supprime radicalement toutes les causes de contagion, d'infections et de mauvaises odeurs. Il est rigoureusement prescrit partout en temps d'épidémies. Dans les pays chauds et marécageux, dans les colonies, son usage permanent est considéré comme absolument indispensable.

On recommande de préférence l'*Eucalyptor* double, liquide, instantané, qui est désodorisé et très concentré.

Ce désinfectant doit être dilué au vingtième au moins, suivant le degré d'infection à combattre.

Dans ces conditions il est employé à la désinfection des chambres de malades, seaux de toilette, vases, crachoirs, pierres d'évier, boîtes à ordures, cabinets d'aisance, et détruit les parasites et la vermine des basses-cours, chenils, écuries, etc. Une utile précaution hygiénique consiste à l'employer à la même dose pour badigeonner les murs sous papiers de tenture dans les appartements humides ou anciens, et suspects d'avoir abrité des insectes quelconques.

Dans l'hygiène domestique, on l'emploie pur, par petites quantités, en fumigations répétées, pour assainir et purifier les appartements, dont il rend l'air frais et respirable. Il suffit d'en mettre quelques gouttes dans l'eau pour la toilette intime.

Dans l'hygiène publique, il est employé soit au vingtième, soit moins concentré, suivant les cas, pour le lavage en grand des hôpitaux, casernes, navires, wagons, usines-égouts, etc., et en dilution très concentrée pour la désinfection des foyers de corruption, matières organiques en putréfaction, etc.

L'*Eucalyptor* est aussi employé comme insecticide de la manière suivante dans diverses exploitations importantes :

Contre le phylloxera : On déchausse les pieds des vignes et on y verse du liquide pur.

Contre le mildew, etc. : On vaporise les feuilles atteintes et le sol après une pluie ou avant l'évaporation de la rosée.

Contre les diverses maladies des vers à soie : On lave le fond des cases des vers à soie avec de l'*Eucalyptor* largement étendu d'eau.

Le savon vétérinaire à l'*Eucalyptor* convient mieux que tout autre pour le lavage et l'hygiène des chiens et de tous les animaux domestiques, ainsi que pour l'assainissement de leurs locaux, surtout pendant les grandes chaleurs.

M. H. Hank vient d'indiquer un mode pratique, antiparasitaire pour les nids des poules pondeuses ou couveuses. Après avoir vidé un œuf, on introduit à l'intérieur une petite éponge bien sèche que l'on imbibe d'*Eucalyptol* ou d'*Eucalyptor*. L'œuf une fois rebouché et mélangé à ceux d'une couvée, donne naissance à des vapeurs qui transsudent par les pores de la coquille, chassent les parasites et empêchent leur retour.

C'est en vertu du même principe que les moustiques sont chassés par les émanations de l'*Eucalyptus* et qu'il suffit, comme le recommande le Dr Encausse, de laisser sur la table de nuit une soucoupe, ainsi que cela est en usage dans les colonies, contenant quinze à vingt gouttes d'huile volatile d'*Eucalyptus* pour ne pas être incommodé par ces insectes.

C'est également à l'essence volatile dont l'*Eucalyptus* imprègne constamment l'amosphère par ses émanations aromatiques, qu'est due, d'après le savant professeur Gubler, l'action bienfaisante de cet arbre, partout où il pousse.

C'est évidemment aussi à l'*Eucalyptol* qu'elles contiennent que les feuilles doivent leurs propriétés thérapeutiques, et c'est ce qui a engagé les médecins à employer directement ce principe actif dans la pratique médicale.

Voici ce que dit à ce sujet le Dr Gimbert (1) :

« D'un nombre considérable d'observations, il résulte que par son action sur la sensibilité réflexe de la moelle et de la respiration, l'*Eucalyptol* soulage les asthmatiques, calme la toux dans un grand nombre d'affections pulmonaires, atténue les bronchites putrides avec expectorations abondantes, guérit les algies réflexes et est très efficace dans le tétanos réflexe et dans toutes les algies et convulsions, spasmes de la même nature, tels que toux, coqueluche, chorée, etc.

« L'*Eucalyptol*, sortant par la vessie, a guéri ou modifié des catarrhes vésicaux ; facilitant l'élimination de l'urée, il est applicable dans toutes les formes de l'urémie, dans la fièvre de tout type, dans le rhumatisme chronique et la goutte.

« Comme stimulant de la circulation capillaire, il a été utile dans un grand nombre d'états morbides du poumon, les congestions sanguines et passives du cerveau, du poumon et de tous les autres organes.

« Enfin, il rend tous les jours des services dans les affections périodiques, fièvres intermittentes et névralgies intermittentes. »

Le Dr Luton, de Reims, a obtenu de remarquables résultats en traitant le cancer et la fièvre typhoïde par l'*Eucalyptol*.

Les nombreuses utilisations dont est susceptible l'*Eucalyptol*, méritent d'attirer l'attention des propriétaires d'*Eucalyptus* sur cette production industrielle. M. Cloëz pensait que nul végétal, toutes proportions gardées, ne peut fournir une aussi grande quantité d'essence.

Les feuilles de l'*Eucalyptus globulus* rendent 2,75 o/o

---

(1) Gimbert. L'*Eucalyptus globulus, son importance en agriculture, en hygiène et en médecine.*

de leur poids d'*Eucalyptol* à l'état frais, 6 o/o à l'état sec.

L'*Eucalyptus amygdalina* est une des espèces qui fournissent le plus d'essence: le rendement est d'environ 3 litres pour 100 livres de feuilles et de ramilles à l'état frais, soit 3,313 pour cent.

« Pour une exploitation tant soit peu importante, dit à ce sujet M. Raveret-Watel, l'appareil distillatoire doit consister en un vaste alambic en tôle épaissie et doublée au fond, pour mieux résister à l'action du feu. Il est inutile de donner un grand développement au serpentin, car l'essence se condense très rapidement.

« L'opération étant peu coûteuse par elle-même, le prix de revient se trouve surtout subordonné à celui des feuilles. »

C'est à l'essence qu'elles contiennent que sont dues toutes les propriétés hygiéniques et thérapeutiques des feuilles d'*Eucalyptus*.

Les jeunes feuilles fraîches peuvent être appliquées à titre de stimulant local sur les plaies de cicatrisation difficile.

Elles sont employées en infusion, pour faciliter la digestion; contre le froid et les vomissements dans le choléra, contre la tuberculose, cas dans lesquels elles agissent comme anti-parasitaires énergiques.

Elles servent à préparer des bains toniques et fortifiants, à la dose de 300 à 400 grammes par bain. Ces bains combinés avec un traitement général à l'*Eucalyptus* prescrit par le médecin, sont d'une efficacité reconnue dans les névroses, paralysies, rhumatismes, goutte, affections de la peau, etc.

Ces mêmes feuilles, desséchées, servent à fabriquer des cigarettes, qui, fumées à la manière du tabac, produisent un soulagement presqu'immédiat dans la plupart des affections des voies respiratoires.

Enfin, dans certains grands hôtels du midi, particulièrement de la Côte d'Azur, on emploie les feuilles d'*Eucalyptus* comme anti-parasitaires, en les plaçant sous les tapis, dans la literie, dans les tentures, etc.

CHAPITRE VI

L'Eucalyptus dans les ouates et dans les tissus

De tout ce qui précède, il résulte avec évidence que les nombreux dérivés de l'*Eucalyptus* possèdent, à des degrés divers, de remarquables propriétés hygiéniques, prophylactiques et curatives.

Aussi a-t-on tiré un merveilleux parti de ces qualités en utilisant le liber de l'*Eucalyptus* pour la fabrication de ouates et de tissus ayant ces propriétés.

D'ailleurs, pour cette application, le liber n'est pas seul utilisable, et il est remarquable de voir, dans ce cas particulier, une théorie botanique confirmée par la pratique industrielle.

Il existe, en botanique, une théorie anatomique et physiologique, due à Gaudichaud, d'après laquelle les feuilles, et tous les appendices d'origine foliaire, constituent autant de végétaux séparés, réunis sur un tronc commun, absolument comme les différents individus d'un polypier. Chacune de ces individualités végétales ou *phyton* a une vie propre, et c'est par la végétation individuelle de tous les phytons, que se constitue l'axe commun. Gaudichaud prétend même que les *fibres* ligneuses *descendent* des feuilles pour constituer le nouveau bois, le *liber*.

En conséquence, du moment que l'on songeait à utiliser ce liber pour les ouates et le tissage, on a étendu les essais par analogie aux feuilles, qui, suivant Gaudichaud, le produisent, et ces essais ont pleinement réussi.

Liber, ramilles et feuilles, après élimination d'essences diverses qui se prêtaient mal à cette application, après des expériences sans nombre dans le détail desquelles nous ne pouvons entrer, ont pu enfin être convertis en

Ramille et feuilles d'*Eucalyptus*.

ouates d'une finesse extrême, puis en fils propres au tissage, et enfin en tissus de diverses épaisseurs pour la confection des vêtements de dessous. Ces nouveaux vêtements de dessous qui possèdent toutes les propriétés de l'*Eucalyptus*, ne le cèdent en rien pour la souplesse et la finesse aux plus beaux tissus employés jusqu'ici pour cet usage.

Des brevets d'invention ont été naturellement pris partout. Messieurs Maquaire exploitent à Paris les brevets français.

La transformation de la fibre d'*Eucalyptus* en ouate, puis en tissus hygiéniques et antiseptiques est une grande découverte humanitaire, et l'une des plus belles des applications de l'*Eucalyptus* à la préservation de la santé individuelle, voire même, d'après plusieurs sommités médicales, à la guérison des affections des voies respiratoires, des affections rhumatismales, goutteuses, névralgiques, des fièvres, etc. L'usage de ces ouates, de ces tissus à la ouate d'*Eucalyptus*, de l'*Eucalyptor* et des produits de parfumerie dont nous avons déjà parlé, est recommandé d'une manière permanente pour l'hygiène générale, et surtout comme préservatif énergique répondant le mieux, en temps d'épidémie, aux théories de l'illustre Pasteur.

Pour être complet, voici quelques renseignements sur ces nouveaux dérivés de l'*Eucalyptus*.

La ouate d'*Eucalyptus (Normal majestic Gum-tree)*, obtenue comme nous venons de le dire, renferme, d'après l'analyse, 3 à 4 pour cent d'huile essentielle, 5 à 6 pour cent de résine ou Kino, des essences diverses, du tannin, etc. Elle est désodorisée, légère, élastique au toucher. Elle excite légèrement l'épiderme, assure ou rétablit les fonctions de la peau et fait pénétrer dans l'organisme, par une calorification douce et permanente qu'elle doit à la bourre et à la laine stérilisée qu'elle contient, tous les principes bienfaisants de l'*Eucalyptus*. Ces qualités la font recommander par les Médecins dans le traitement des affections rhumatismales, goutteuses, névralgiques, tant aiguës que chroniques, et en applications sur la poitrine et la gorge, dans les affections des voies respiratoires.

Cette ouate, anti-fiévreuse, anti-rhumatismale et anti-goutteuse est le meilleur des remèdes domestiques hygiéniques et antiseptiques connus.

Elle s'emploie comme les ouates cardées et gommées du commerce, se taille à volonté et se fixe au moyen de légers rubans sur n'importe quelle partie du corps.

Les tissus à la ouate d'*Eucalyptus* (*Normal majestic Gum-tree*) participent naturellement à toutes les propriétés que nous venons d'énumérer, et sont par conséquent à la fois hygiéniques, prophylactiques et curatifs, dans toutes les affections signalées ci-dessus et dans les pages précédentes.

Ces tissus, lainages très élastiques, et d'une souplesse remarquable sont tricotés à mailles, du principe dit *jersey*. Ils sont sans odeur appréciable. La proportion de laine stérilisée qu'ils contiennent les rend absorbants. Ils laissent circuler l'air dans la mesure nécessaire, — conservent néanmoins la chaleur de la peau et s'opposent à son refroidissement. Ils sont d'épaisseurs diverses, légers pour l'été et pour les pays chauds, de moyenne force pour les demi-saisons, épais pour l'hiver, et à envers pelucheux, duveté, ouateux, particulièrement moelleux.

Ces derniers tissus complètent d'une manière parfaite les applications de la ouate d'*Eucalyptus*, dans les traitements où ces ouates sont prescrites.

Ces divers tissus sont employés à la fabrication des vêtements. Pour les vêtements qui ne s'appliquent pas directement sur la peau, les qualités antiseptiques que nous avons énumérées ci-dessus sont d'une importance secondaire. Mais, pour les vêtements de dessous, chemises, caleçons, gilets, etc., toutes ces qualités sont indispensables à une bonne hygiène. Ces lainages se prêtent à toutes les exigences d'un traitement, soit simplement préservatif, soit curatif, la nature et l'épaisseur du tissu étant appropriées à chaque circonstance particulière.

Comme la ouate, ils exercent sur l'épiderme un massage doux et permanent qui, d'après le Dr Alvin, de Saint-Etienne, assure le bon fonctionnement de la peau, et fait pénétrer lentement dans l'organisme les principes bienfaisants des huiles essentielles, des essences diverses, du tannin et des résines d'*Eucalyptus*. Ils constituent, par cela même, le meilleur des préservatifs hygiéniques, antiseptiques et antiparasitaires. Ils soulagent les douleurs arthritiques et paralytiques, et souvent les guérissent.

Aussi les Médecins, hommes de progrès et d'initiative, les recommandent-ils particulièrement pendant les saisons chaudes, où l'épiderme, mal préparé au refroidissement, y est beaucoup plus sensible, — en temps d'épidémie, — et dans les colonies, où les miasmes paludéens et les variations de température, les rendent absolument indispensables à une bonne hygiène.

Pour nous, nous estimons que l'usage doit en être permanent et général, aussi bien pour les enfants que pour les hommes et les femmes, étant donné leurs incontestables vertus prophylactiques et curatives.

Ainsi que les tissus, les laines à tricoter à la ouate d'*Eucalyptus*, qui sont établies dans les numéros de grosseurs des laines à tricoter ordinaires du commerce, participent, elles aussi, à toutes les propriétés de cette ouate. Elles servent à faire à la main tout travail de tricotage ou de crochet : plastrons pour la poitrine et les reins, bas, chaussettes, gants, mitaines, ceintures abdominales, genouillères et tous objets destinés au contact immédiat de la peau. Ces ceintures et ces plastrons sont particulièrement recommandés aux personnes sujettes aux embarras gastriques et aux lumbagos.

Ces laines à tricoter permettent, en conséquence, de compléter suivant les besoins de chacun, la série des vêtements hygiéniques et antiseptiques à la ouate d'*Eucalyptus*, recommandés par les Médecins dans les affections que nous avons déjà énumérées.

Ajoutons encore que ouate, tissus, vêtements et laine à tricoter sont de nuance fauve agréable à l'œil et que, énergiquement désodorisés en cours de préparation, l'odeur balsalmique *sui generis* de l'*Eucalyptus* est très atténuée, à peine perceptible.

CONCLUSION

Nous nous sommes efforcés de mettre en relief, aussi complètement que possible, la valeur considérable des services que peut rendre l'*Eucalyptus*, et, malgré tous nos soins, nous ne sommes pas bien assurés de n'avoir rien oublié, tellement sont multiples les applications diverses auxquelles cet arbre et ses dérivés ont donné lieu.

Il est impossible, après une étude attentive comme celle que nous venons de faire, de ne pas être vivement frappé des bienfaits immenses qu'est susceptible de procurer le végétal vraiment merveilleux que nous devons à l'Australie.

Il transforme une contrée par le seul fait de sa présence. Ses racines draînent dans le sol les eaux surabondantes, dessèchent les marais, dissipent les miasmes paludéens. Ses feuilles répandent dans l'atmosphère des émanations aromatiques, qui assainissent l'air et lui donnent des qualités antimicrobiennes.

Par cela seul, l'*Eucalyptus* devrait déjà être considéré comme un des végétaux les plus précieux.

Mais il s'en faut de beaucoup que son utilité se borne à ce rôle éminemment sanitaire.

Par sa croissance rapide, il permet d'improviser des forêts, de reboiser en quelques années les terres les plus ingrates, et d'en tirer à bref délai des produits de première qualité, et comme bois d'œuvre susceptible de mille utilisations, et comme bois de chauffage.

Ce n'est pas seulement la plus rémunératrice des essences forestières. Ses diverses parties, liber, ramilles, feuilles, résine, huiles essentielles, essence, tannin, etc., sont également propres à une foule d'emplois que nous avons exposés dans les pages précédentes.

Ce qu'il y a de plus remarquable, c'est que ce grand pouvoir hygiénique qu'il possède de son vivant et en pleine végétation, il le conserve, une fois abattu, dans chacune de ses parties.

Nous avons vu quel rôle considérable peuvent jouer les résines et les essences, les feuilles, le liber, les ramilles d'*Eucalyptus*, tant au point de vue prophylactique qu'au point de vue thérapeutique, dans un grand nombre de maladies.

Ses applications sont vraiment innombrables, tant pour l'usage interne que pour l'usage externe.

Les usages internes de l'*Eucalyptus*, plus particulièrement médicaux, ont été développés d'une façon très complète, dans un grand nombre d'ouvrages techniques auxquels nous renvoyons, ainsi que nous l'avons fait pour la question de botanique. Nous avons tenu surtout, dans ces dernières pages, à attirer l'attention sur les usages externes, qui relèvent plus spécialement de l'hygiène générale.

Puisque les produits de l'*Eucalyptus* sont éminemment antiseptiques, c'est pour la défense extérieure de notre citadelle vivante qu'ils méritent le plus de fixer notre choix,—soit sous la forme de produits dits de parfumerie, mais en réalité de toilette applicables, ainsi que nous l'avons expliqué, à l'ensemble de l'hygiène domestique, — soit sous la forme de linge de corps, besoin auquel répondent les tissus à la ouate d'*Eucalyptus*, — et dans certains cas particuliers, les *ouates* d'*Eucalyptus pour applications* elles-mêmes.

Des savants de premier ordre ont consacré leur vie à la recherche d'armes nouvelles pour lutter contre les maladies *évitables*. Pasteur a trouvé le vaccin de la rage, Roux celui de la diphtérie, Yersin le vaccin de la peste.

Les Chambres, de leur coté, ont voté, sur la proposition de M. Audiffred, député de la Loire, des fonds importants destinés au développement des recherches scientifiques relatives à la santé publique.

D'après l'éloquent plaidoyer de M. Audiffred, les statistiques établissent qu'une personne sur quatre est annuellement atteinte par la maladie, que sur douze maladies, une se termine par la mort.

Combien coûtent ces maladies? Plus d'un milliard par an !

Si c'était tout, on pourrait, à la rigueur prendre son parti de cette perte colossale. Mais, comment rester indifférent devant la disparition annuelle de 825.000 personnes, dont 225.000 sont emportées par des maladies infectieuses *évitables*.

Quetelet, l'un des premiers qui ait appliqué la statistique aux faits de la vie sociale, a écrit cette phrase, qu'on ne saurait lire sans une poignante émotion :

L'homme, pendant ses premières années, vit aux dépens de la Société; il contracte une dette qu'il doit acquitter un jour, et s'il succombe avant d'avoir réussi à le faire, son existence a été, pour ses concitoyens, plutôt une charge qu'un bien. Or, il nait annuellement en France au-delà de 960,000 enfants dont 9/20 sont enlevés avant d'avoir pu se rendre utiles; ces 432,000 infortunés peuvent être considérés comme autant d'amis étrangers qui, sans fortune, sans industrie, sont venus prendre part à la consommation et se retirent ensuite sans laisser d'autres traces de leur passage que de tristes

adieux et d'éternels regrets. La dépense qu'ils ont occasionnée, sans tenir compte du temps qu'on leur a consacré, représente, au minimum, la somme énorme de 432 millions de francs! Si l'on considère, d'autre part, les douleurs que doivent exciter de pareilles pertes, douleurs que ne pourrait compenser aucun autre sacrifice, on sentira combien ce sujet est digne d'occuper les méditations de l'homme d'Etat et du philosophe vraiment ami de ses semblables.

Ce que dit Quetelet des enfants est encore plus vrai des adultes, emportés en pleine maturité.

La tuberculose seule, maladie essentiellement *évitable*, cause régulièrement, chaque semaine, en plein Paris, 200 décès, — dans toute la France, plusieurs milliers, — dans le monde entier, des centaines de mille, et pourtant personne ne s'en émeut.

Cette maladie meurtrière est essentiellement contagieuse, surtout en raison de la pitié plus sentimentale que rationnelle qu'excitent les poitrinaires et qui leur permet de cohabiter partout et d'une façon permanente avec les personnes saines et de contaminer ces dernières alors que tout le monde se garde avec effroi contre la rougeole, la scarlatine, la variole, etc., quoiqu'elles soient beaucoup moins redoutables.

Il est bien difficile de provoquer, même par la diffusion de notions justes relatives à cette terrible cause de mortalité, une révolution dans les mœurs.

Mais, ce qui est possible, c'est de lutter contre l'agent de contamination de la tuberculose.

Or, cet agent est aujourd'hui bien connu.

C'est le bacille de Koch, un microbe, et par conséquent un être vivant éminemment sensible à l'action des antiseptiques et particulièrement aux dérivés de l'*Eucalyptus*.

Donc, ici encore, puisque la tuberculose est évitable, l'emploi des dérivés de l'*Eucalyptus* est non-seulement tout indiqué, mais devrait être prescrit d'une façon générale. En dehors du traitement ordonné par le médecin, un régime antiseptique rigoureux, eucalyptique, permettra seul de concilier la compatissante faiblesse que l'on a pour les tuberculeux avec le devoir social qui nous incombe à tous de préserver la santé privée, comme la santé publique, contre toute atteinte de contagion *évitable*.

Malheureusement, il faut l'avouer, l'indifférence est presque générale pour la santé et pour la vie humaines et, chose inconcevable, le gouvernement la partage dans les cas les plus graves.

Comment ne pas penser à l'*Eucalyptus* et à ses bienfaisantes propriétés lorsqu'on voit surgir à chaque instant le problème que suscite dans les colonies la permanence des fièvres paludéennes ?

Les miasmes paludéens peuvent être combattus dans leur origine même, par des plantations immédiates d'espèces d'*Eucalyptus* appropriées au climat de Madagascar, du Tonkin, de Tombouctou, etc , comme nous l'écrit M. Ch. Naudin.

L'Académie de Médecine s'occupait dernièrement du paludisme à Madagascar, et mettait en évidence les faits navrants qui ont marqué la conquête au point de vue de l'absence complète de précautions hygiéniques, même les plus élémentaires, telles que le filtrage des eaux potables, et l'emploi d'agents antimicrobiens. L'assemblée a été si frappée qu'elle a porté à son ordre du jour la *recherche des moyens de prophylaxie du paludisme*.

Mais ces moyens de prophylaxie sont tout trouvés.

Seuls, les esprits superficiels peuvent croire à la soi-disant *banqueroute de la science.* La science découvre tous les jours de nouvelles armes contre la maladie, et ce n'est vraiment pas sa faute si l'indifférence du public les néglige au lieu de les utiliser.

Quelle armée saine et alerte on aurait eue à Madagascar, si l'*Eucalyptol* avait été employé à haute dose sous toutes ses formes pratiques, dans la toilette, dans la désinfection, dans le linge de corps, dans les hôpitaux.

Espérons que la leçon ne sera pas perdue et que lors des prochaines campagnes coloniales, on n'oubliera ni les filtres Pasteur, ni l'agent sanitaire souverain constitué par l'*Eucalyptus et ses dérivés*.

INDEX EUCALYPTOGRAPHIQUE

LA BILLARDIÈRE. — *Novæ-Hollandiæ plantarum specimen.* — Paris, 1804, 2 vol.

DE CANDOLLE.— *Prodromus systematis naturalis.* — Paris 1824-1873, 17 vol. in-8° . — T. III, p. 216-222.

FERDINAND MUELLER. — *Fragmenta Phytographiæ Australiæ.* — Melbourne, 1858-1875.

P. RAMEL. — *Sur les Eucalyptus Oleosa et Globulus* (*Bulletin de la Société d'Acclimatation*, août 1861, p. 413).

P. RAMEL. — *L'Eucalyptus Globulus de Tasmanie* (*Revue maritime et coloniale*, décembre 1861).

FERDINAND MUELLER. — *Victorian exhibition. Indigenous vegetable substances.* — Melbourne, 1862.

PHILIPPE. — *Sur l'Eucalyptus Globulus.* (*Bulletin de la Société d'Acclimatation*, 1862, p. 228).

P. RAMEL. — *L'Eucalyptus Globulus* (*Tasmanian blue gum tree*) — (*Bulletin de la Société d'Acclimatation*, 1862, p. 787).

BENTHAM ET MUELLER. — *Flora Australiensis.* — Londres, 1863-1873, t. III, p. 185-261.

ED. ANDRÉ. — *L'Eucalyptus Globulus* (*Revue horticole*, 1er février 1863).

PHILIPPE. — *Sur l'Eucalyptus Globulus et l'Hovenia dulcis.* (*Bulletin de la Société d'Acclimatation*, avril 1864, p. 196).

HARDY. — *Lettre sur l'Eucalyptus* (*Bulletin de la Société d'Acclimatation*, 1864, p. 223).

P. RAMEL. — *Des Eucalyptus envisagés au point de vue de la production du miel et de la cire* (*Bulletin de la Société d'Acclimatation*, 1864, p. 776).

CH. HUBER. — *Eucalyptus et Dahlia imperialis* (*Bulletin de la Société d'Acclimatation*, novembre 1865).

Dr TURREL. — *Notes sur l'acclimatation de quelques végétaux* (*Bulletin de la Société d'Acclimatation*, 1866, p. 554).

REGULUS CARLOTTI. — *De la culture de l'Eucalyptus en Corse* (*Bulletin de la Société d'Acclimatation*, 1866, p. 609).

FERDINAND MUELLER. — *Australian Vegetation indigenous and introduced*, dans les *Intercolonial exhibition essays*. — Traduction française par E. Lissignol. — Melbourne, 1866

FERDINAND MUELLER. — *Report on the vegetable products exhibited in the intercolonial exhibition of 1866-1867*. — Melbourne, 1867.

WILLIAM WOOLLS. — *A contribution to the flora of Australia. The genus Eucalyptus*. — Sydney, 1867.

MONCHALAIT. — *Eucalyptus* (*Bulletin de la Société d'Acclimatation*, mai 1867, p. 234).

Dr A. SICARD. — *Sur l'introduction de l'Eucalyptus Globulus dans le département des Bouches-du-Rhône* (*Bulletin de la Société d'Acclimatation*, 1868, p. 48).

CLOEZ. — *Examen chimique des feuilles d'Eucalyptus Globulus* (*Bulletin de la Société d'Acclimatation*, septembre 1868, p. 654).

REGULUS CARLOTTI. — *Sur l'action thérapeu-*

tique et la composition élémentaire de l'écorce et de la feuille de l'Eucalyptus Globulus. — Ajaccio, 1869.

REGULUS CARLOTTI. — *Du mauvais air en Corse.* — Ajaccio, 1869, in-4°.

TROTTIER. — *Boisement dans le désert et colonisation.* — Alger, 1869, in-8°.

CLOEZ. — *Etude chimique de l'Eucalyptol* (*Comptes-Rendus de l'Académie des Sciences*, 28 mars 1870).

COMTE DE MAILLARD DE MARAFY. — *L'Eucalyptus; nouvel emploi industriel* (*L'Egypte agricole*, 1870, n° 1, p. 7.)

PROFESSEUR GASTINEL-BEY. — *Mémoire sur l'Eucalyptus Globulus d'Australie* (*L'Egypte agricole*, 1870).

Dr GIMBERT. — *L'Eucalyptus Globulus : son importance en agriculture, en hygiène et en médecine.* — Paris, 1870, in-8°, 3 pl.

P. MARÈS. — *Note sur l'Eucalyptus.* — Alger, 1870.

A. GUBLER. — *Sur l'Eucalyptus Globulus et son emploi en thérapeutique* (*Bulletin général de thérapeutique*, Paris, 1871).

TROTTIER. — *De l'accroissement et de la valeur progressive de l'Eucalyptus.* — Alger, 1871.

L. DE SALVY. — *Note sur l'Eucalyptus et sur la fabrication de la liqueur faite avec les feuilles de cet arbre* (*Bulletin du Comice agricole de Toulon*, 1871).

RAVERET WATEL. — *L'Eucalyptus. Rapport sur son introduction, sa culture, ses propriétés, usages, etc.* (*Bulletin de la Société d'Acclimatation*, septembre, octobre, novembre et décembre 1871, janvier et février 1872).

F. BOUILLON. — *Propriétés thérapeutiques de l'Eucalyptus Globulus*. Thèse de Paris, 1872.

Dr ADOLPHE BRUNEL. — *Observations cliniques sur l'Eucalyptus Globulus*. Paris, 1872.

E. BURDEL. — *L'Eucalyptus et ses propriétés fébrifuges expérimentées pour la deuxième fois en Sologne* (*Bulletin général de thérapeutique*. Paris, 1872).

J. CAMPION. — *L'Eucalyptus Globulus et l'Eucalyptol*. Thèse de Paris, 1872.

REGULUS CARLOTTI. — *L'Eucalyptus Globulus. Son rang parmi les agents de la matière médicale*. — Ajaccio, 1872.

L. J. KELLER. — *Ueber die Wirksamkeit der tinctura eucalypti globuli gegen Wechselfieber*. (*Wien. med. Wochnschr.*, 1872).

E. LAMBERT. — *Eucalyptus : culture, exploitation et produit. Son rôle en Algérie* (*Bulletin de la Société d'Acclimatation*, novembre 1872).

F. MOSLER. — *Ueber die Wirkung von Eucalyptus Globulus* (*Deutche Arch. für Klin. Med.* Leipzig, 1872).

TROTTIER. — *Arbres de l'Australie*. Alger, 1872.

Dr P. MARÈS. — *Notes sur l'Acclimatation de quelques espèces d'Eucalyptus en Algérie*. (*Bulletin de la Société d'Acclimatation*, 1873, p. 560).

A. CORDIER. — *Renseignements sur la rapidité de croissance des Eucalyptus* (*Bulletin de la Société d'Acclimatation*, 1873, p. 811).

RAVERET-WATEL. — *L'Eucalyptus et son avenir* (*Bulletin de la Société d'Acclimatation*, décembre 1873).

Dr A. BRUNEL. — *Sobre el Eucalyptus Globulus* (*Rev. med. quir.* (Buenos-Ayres, 1873).

Dr GIMBERT. — *Etude des applications thérapeutiques de l'Eucalyptus Globulus* (*Archives générales de médecine*, 1873).

AUGUSTE PASQUIER. — *De l'Eucalyptus*. Château-Gontier, 1873.

T. SIEGEN. — *Ueber die pharmakologischen Cigenschaften von Eucalyptus Globulus*, Bonn, 1873.

E. MERICE. — *Progrès et développement de la culture de l'Eucalyptus* (*Bulletin de la Société d'Acclimatation*, 1874, p. 713).

ERNST ABERG. — *Irrigation y Eucalyptus*. Buenos-Ayres, 1874.

CORDIER. — *Des Eucalyptus*. (*Bulletin de la Société d'Agriculture d'Agen*, n° 59, 1874).

H. SCHLAGER. — *Experimentelle untersuchungen über die physiologische Wirkung von Eucalyptus Globulus*. Gœttingue, 1874.

J. L. PLANCHON. — *L'Eucalyptus Globulus au point de vue botanique, économique et médical* (*Revue des Deux-Mondes*, janvier 1875).

A. RIVIÈRE. — *L'Eucalyptus Globulus au point de vue de l'assainissement des régions malsaines* (*Bulletin de la Société d'Acclimatation*, février 1875).

LE FRÈRE GILDAS. — *L'Eucalyptus dans la campagne romaine* (*Bulletin de la Société d'Acclimatation*, mars 1875).

E. COSSON. — *Note sur l'acclimatation de l'Eucalyptus Globulus* (*Bulletin de la Société de géographie*, juin 1875)

BUCQUOY. — *De l'emploi à l'intérieur de la teinture d'Eucalyptus dans le traitement de la gangrène pulmonaire* (*Bulletin général de thérapeutique*, Paris, 1875).

REGULUS CARLOTTI. — *Assainissement des régions chaudes insalubres par l'Eucalyptus*, in-8°, Ajaccio, 1875.

Dr GIMBERT. — *Etude sur l'influence des plantations d'Eucalyptus Globulus*. 1875.

LEINGRE. — *Notice sur l'Eucalyptus Globulus* (*Revue maritime et coloniale*, 1875).

NARDY. — *Les Eucalyptus du littoral de la Méditerranée* (*Journal de la Société centrale d'horticulture de France*, 1875).

JULES GRISARD. — *Noms vulgaires des diverses espèces d'Eucalyptus* (*Bulletin de la Société d'Acclimatation*, avril 1876).

A. CORDIER. — *L'Eucalyptus en Algérie* (*Bulletin de la Société d'Acclimatation*, juillet 1876).

A. GEOFFROY SAINT-HILAIRE. — *Notes sur le Jardin d'Acclimatation d'Hyères* (*Bulletin de la Société d'Acclimatation*, 1876, p. 742).

Dr E. H. BERTHERAUD. — *L'Eucalyptus au point de vue de l'hygiène en Algérie*. Alger, 1876.

GREGORIO FEDELI. — *Sulle proprietà bonificanti et terapeutiche dell' Eucalyptus Globulus*. Forli, 1876.

R. HENRY. — *Note sur une formule pratique pour le cubage des Eucalyptus* (*Bulletin de la Société des sciences phys. d'Alger*, 1876).

TROTTIER. — *Rôle de l'Eucalyptus en Algérie au point de vue des besoins locaux, de l'exportation et du développement de la population*. Alger, 1876.

RAVERET-WATEL. — *Note sur la végétation, les produits et les caractères spécifiques de quelques Euca-*

lyptus, d'après les travaux de M. William-Wolls (*Bulletin de la Société d'Acclimatation*, janvier 1877).

REGULUS CARLOTTI. — *L'Eucalyptus en Corse* (*Bulletin de la Société d'Acclimatation*, novembre 1877).

B. BELL. — *Note ou some of the therapeutic virtues of the Eucalyptus Globulus* (*Edimbourg M. J.*, 1877).

A. CERTEUX. — *Guide du Planteur d'Eucalyptus*. Alger, 1877.

P. TROUBETZKOY. — *Sur l'assainissement des contrées insalubres au moyen des plantations d'Eucalyptus* (Congrès international d'hygiène de 1878) Paris 1880.

Ch. NAUDIN. — *Les Eucalyptus introduits dans la région méditerranéenne*. 1883.

CARLOS AUGUSTO DE SOUSA-PIMENTEL. — *Eucalypto Globulus. Descripção, cultura e aproveitamento d'esta arvore*. Lisbonne, 1884.

CHARLES JOLY. — *Les Eucalyptus géants de l'Australie*. 1 br. 19 pages. Paris, 1885.

WILLIAM WOLLS. — *The plants of New-South-Wales*. Sydney, 1885).

F. BARTHELEMY et L. BLANCHEREAU. — *Traitement de la diphthérie par l'Eucalyptus*. Nantes, 1885.

BONAMY. — *De l'Eucalyptus comme antiseptique dans certaines affections de l'appareil respiratoire, en particulier dans la diphtérie* (*Journal de Médecine de l'Ouest*. Nantes, 1885.)

BALL. — *Traitement de la phtisie pulmonaire par les injections hypodermiques d'Eucalyptol* (*Bulletin de l'Académie de Médecine*. Paris, 1887).

BOUVERET et PÉCHADRE. — *Injection sous-cutanée d'Eucalyptol dans le traitement de la phtisie* (*Lyon Médical*, 1887).

FELIX SAHUT — *Les Eucalyptus*, un volume in-8°, 1888.

RUINET DU TAILLIS et ROUSSIN. — *Naturalisation de végétaux exotiques en Bretagne (Revue des Sciences naturelles appliquées*, 5 août 1890).

FERDINAND MULLER. — *Eucalyptographia.*

CH. NAUDIN et FERDINAND MUELLER. — *Manuel de l'Acclimateur.*

CH. NAUDIN. — *Description et emploi des Eucalyptus introduits en Europe, principalement en France et en Algérie.* Second mémoire, Antibes, 1891.

CH. NAUDIN. — *Les pavés de bois d'Eucalyptus (Revue des Sciences Naturelles appliquées,* 20 mars 1892).

EDMOND LULLY. — *Contribution à l'étude expérimentale et clinique d'un produit cristallisé tiré de l'essence d'Eucalyptus* (Bichlorhydrate d'Eucalyptène) thèse de Paris, 2 mars 1893.

TABLE ANALYTIQUE

DES MATIÈRES

Imp. Schneider Frères et Mary. — Levallois

www.ingramcontent.com/pod-product-compliance
Lightning Source LLC
LaVergne TN
LVHW020039170826
845678LV00001B/336